국기와 나라 이름을 익히면서, 신나는 세계 여행을 떠나요!

하루하루

세계
국기

하루하루

세계 국기

초판 1쇄 **발행** 2025년 1월 20일
초판 1쇄 **인쇄** 2025년 1월 10일

지은이 이지영
그림 박윤희
기획 김은경
편집 J. Young · Jellyfish
디자인 IndigoBlue

발행인 조경아
총괄 강신갑
발행처 랭귀지북스
등록번호 101-90-85278   **등록일자**   2008년 7월 10일
주소 서울시 마포구 포은로2나길 31 벨라비스타 208호
전화 02.406.0047   **팩스**   02.406.0042
이메일 languagebooks@hanmail.net

ISBN 979-11-5635-242-6 (73980)
값   14,000원

 이 책의
특징

국기와 나라 이름을 익히면서, 신나는 세계 여행을 떠나요!
국가에 대한 기본 정보, 특징을 간단한 설명과 그림으로 소개했어요.
학교 수업이나 방과 후 활동, 가정 내 학습에 이 책을 잘 이용해 보세요.

국제 연합에 가입된 나라를 중심으로 우리나라 외교부가 승인한 나라까지
197개 국가의 국기와 간단한 국가 정보를 실었습니다.
다른 나라에서 독립국으로 인정한 나라, 주요 특별 행정 구역, 국제기구의 깃발도 소개합니다.

● 국기   ● 국가명   ● 대표 상징물

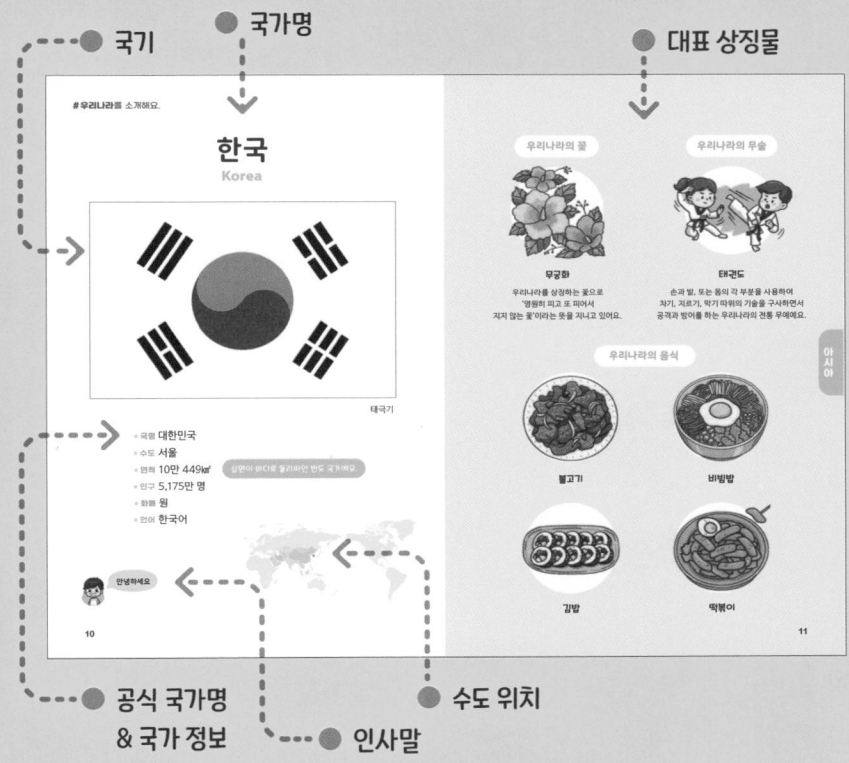

● 공식 국가명   ● 수도 위치
& 국가 정보
          ● 인사말

◆ **일러두기** ◆

➤ **국가 이름** 국립국어원, 외교부 기준에 따라 표기했습니다. 제목의 국가명은 일반적으로 사용하는
  줄인 명칭으로 소개했습니다. 본문은 공식 국가명으로 표기했습니다.

➤ **국기** 대륙별로 구분하였으며, 지리적으로 가까이 위치한 국가끼리 모아서 나열했습니다.

➤ **국기 그림** 각 나라가 정한 실제 비율에 따랐습니다.

➤ **지역 구분 및 국가 기본 정보** 외교부 홈페이지의 '국가/지역 정보(2024년)'를 참고했으며, 특징이 있는 정보는
  설명을 추가했습니다. 주요 국가의 경우, 대표적인 상징물을 그림으로 보여주며 필요 시 간단한 설명을 덧붙였습니다.

➤ **인사말** 낮에 만났을 때 쓰는 대표 인사말입니다.

차례

아시아   Asia

유럽   Europe

아프리카　　　　　　　　　　Africa

아메리카   America

오세아니아   Oceania

#아시아
Asia

카자흐스탄

몽골

우즈베키스탄
투르크메니스탄

키르기스스탄

타지키스탄

중국

한국

일본

레바논
시리아
이스라엘
요르단
팔레스타인
사우디아라비아
카타르

이라크
쿠웨이트
바레인

이란

아프가니스탄

파키스탄

네팔

부탄

대만

오만

아랍 에미라트

인도

방글라데시

미얀마
라오스

베트남

예멘

태국
캄보디아

필리핀

브루나이

스리랑카

말레이시아
싱가포르

몰디브

인도네시아

동티모르

한국

Korea

태극기

- **국명** 대한민국
- **수도** 서울
- **면적** 10만 449㎢
- **인구** 5,175만 명
- **화폐** 원
- **언어** 한국어

삼면이 바다로 둘러싸인 반도 국가예요.

안녕하세요

무궁화

우리나라를 상징하는 꽃으로
'영원히 피고 또 피어서 지지 않는 꽃'이라는
뜻을 지니고 있어요.

우리나라의 무술

태권도

손과 발, 또는 몸의 각 부분을 사용하여
차기, 지르기, 막기 따위의 기술을 구사하면서
공격과 방어를 하는 우리나라의 전통 무예예요.

우리나라의 음식

불고기

비빔밥

김밥

떡볶이

아시아

#남한과 **북한**, 우리는 한민족이에요.

같은 글자

한글

우리나라 고유의 글자예요.
세종 대왕이 우리말을 표기하기 위하여
창제한 '훈민정음'을 이르는 명칭이에요.

우리 음식

김치

소금에 절인 배추나 무 따위를
고춧가루, 파, 마늘 따위의 양념에
버무린 뒤 발효를 시킨 음식이에요.

우리 옷

한복

우리나라의 고유한 옷이에요.
남자는 저고리에 넓은 바지를 입고
아래쪽을 대님으로 묶으며,
여자는 짧은 저고리에 치마를 입어요.

우리 놀이

연날리기

바람을 이용하여 연을 하늘 높이
띄우는 놀이예요.

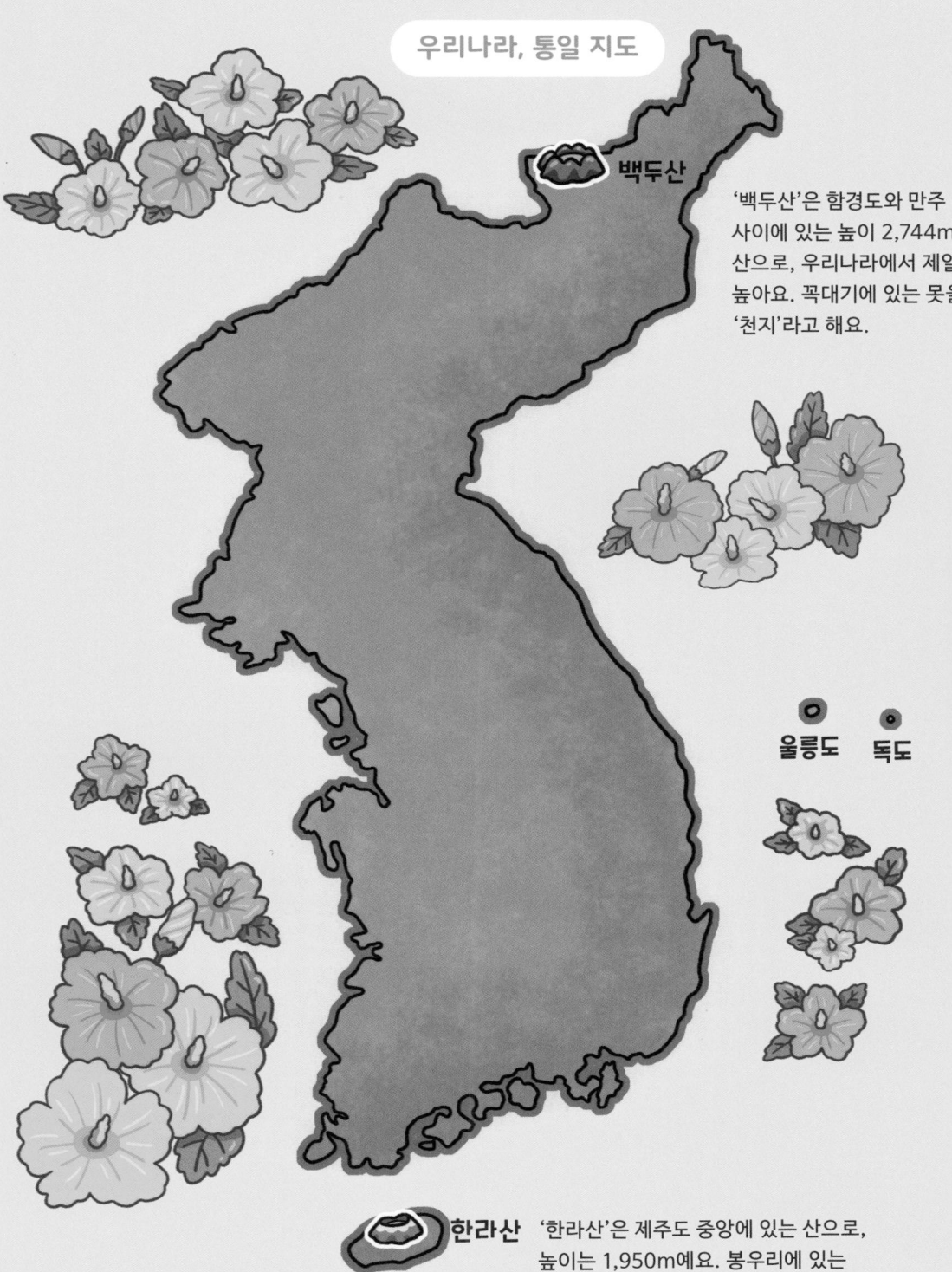

우리나라, 통일 지도

백두산

'백두산'은 함경도와 만주 사이에 있는 높이 2,744m의 산으로, 우리나라에서 제일 높아요. 꼭대기에 있는 못을 '천지'라고 해요.

아시아

울릉도 독도

한라산

제주도

'한라산'은 제주도 중앙에 있는 산으로, 높이는 1,950m예요. 봉우리에 있는 호수를 '백록담'이라고 해요.

일본
Japan

일장기

- **국명** 일본국
- **수도** 도쿄
  - /**유명한 도시** 오사카, 교토, 후쿠오카, 삿포로
  - /**유명한 섬** 오키나와
- **면적** 37만 8천 ㎢
- **인구** 1억 2,404만 명
- **화폐** 엔
- **언어** 일본어

큰 섬 4개와 작은 섬들로 이루어진 나라예요.

 곤니치와

일본의 옷

기모노

일본의 전통 의상을 말해요.
길이가 발목까지 오고 소매가 넓으며,
앞쪽을 여며 폭이 넓은 허리띠를 둘러요.

일본의 관광지

후지산

일본에서 가장 높은 산으로,
높이가 3,776m예요.

오사카성

일본의 음식

스시

라멘

오니기리

일본의 스포츠

스모

두 명의 선수가 씨름판에서 맞붙어
상대편을 씨름판 밖으로 밀어 내거나
넘어뜨려서 승부를 내는
일본의 전통 스포츠예요.

중국
China

오성홍기

- **국명** 중화 인민 공화국
- **수도** 베이징
  - **/ 유명한 도시** 상하이, 칭다오, 광저우
- **면적** 960만 ㎢
- **인구** 14억 967만 명
- **화폐** 위안
- **언어** 중국어

대만, 홍콩, 마카오를 뺀 중국 본토의 인구수예요.

니하오

16

중국의 옷

치파오

중국 여성의 전통 의상이에요.
한쪽 허벅지 부분이
트여 있어요.

중국의 동물

판다

중국의 무술

쿵후

무기 없이 유연한 동작으로
손과 발을 이용하여 공격하는
중국식 전통 무술이에요.

중국의 건축물

자금성

중국 베이징에 있는
명나라 · 청나라 때의
궁궐이에요.

중국의 자연

만리장성

세계에서 가장 긴 성벽이에요.

장자제

도시 '장자제'에 있는 유네스코 지정
세계 자연 유산인 '장자제 국가 삼림 공원'은
뛰어난 자연 경치로 유명해요.
영화 「아바타」의 배경이 된 곳이에요.

\# 중국 특별 행정구, **홍콩**과 **마카오**에 대해 알아볼게요.

홍콩 Hong Kong

- 면적 1,106㎢
- 인구 754만 7,652명
- 화폐 홍콩 달러

1997년 영국에서 중국으로 주권이 옮겨왔어요.

'중국 특별 행정구'로 홍콩과 마카오가 있어요.
중국 헌법과 다른 기본법으로 그 구역을 운영해요.

마카오 Macau

- 면적 30㎢
- 인구 65만 1,875명
- 화폐 파타카

1999년 포르투갈에서 중국으로 주권이 옮겨왔어요.

대만

영어식 발음으로는 '타이완'이라 해요.

Taiwan

- **국명** 중화민국
- **수도** 타이베이
- **면적** 3만 6천 ㎢
- **인구** 2,357만 명
- **화폐** 신타이완 달러
- **언어** 대만어, 중국어

작은 섬나라예요.

대만과 중국은 역사적, 정치적 갈등이 있어서 서로를 국가로 인정하지 않아요. 그래서 중국인, 대만인과 말할 때 조심해야 해요.

아시아

몽골
Mongolia

- 국명 몽골
- 수도 울란바토르
- 면적 156만 4천 ㎢
- 인구 350만 명
- 화폐 투그릭
- 언어 몽골어

가축을 기르며 여기저기 옮겨 다니는 유목민이 많아요.
그들은 '게르'라는 이동식 천막집을 짓고 살아요.

새응 배노

#아시아의 동남쪽에 있는 국가를 알아볼게요.

태국 '타이'라고 부르기도 해요.
Thailand

아시아

- 국명 태국
- 수도 방콕
  - /유명한 도시 치앙마이, 파타야
  - /유명한 섬 푸껫
- 면적 51만 3,100㎢
- 인구 7,027만 명
- 화폐 밧
- 언어 태국어

왕이 있는 나라이고, 대부분의 국민이 불교를 믿어요.

사왓디캅 사왓디카

베트남

Vietnam

- **국명** 베트남 사회주의 공화국
- **수도** 하노이
    - /**유명한 도시** 호찌민, 다낭
- **면적** 33만 341㎢
- **인구** 1억 77만 명
- **화폐** 동
- **언어** 베트남어

'호찌민'은 베트남의 독립운동을 이끌었던 정치가예요. 그의 이름을 딴 도시 호찌민은 동남부에 있는 경제 중심지예요.

 씬 짜오

베트남의 옷

아오자이

베트남 여성의 전통 의상이에요.
윗옷은 길고 바지는 헐렁헐렁해요.

베트남의 음식

쌀국수

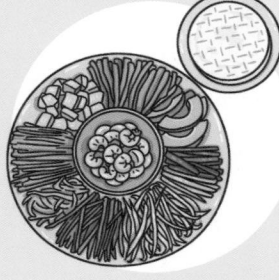

월남쌈

반미

프랑스의 지배를 받았던 영향으로 '베트남식
바게트'가 있어요. 이 빵을 반으로 갈라 소스를
바르고 고기, 채소 등을 넣어 먹는 음식이에요.

베트남의 자연

하롱베이

'용이 내려온 만'이란 의미로,
아름다운 경치를 자랑해요.
유네스코 세계 유산 지역이에요.

베트남의 교통

오토바이

베트남 사람들은 오토바이를 정말 많이 타고 다녀요.

아시아

캄보디아
Cambodia

국기 가운데 있는 건물은 캄보디아의 상징 '앙코르와트'예요. '와트'는 사원이라는 뜻이에요.

- 국명 캄보디아 왕국
- 수도 프놈펜
  / 유명한 도시 시엠립
- 면적 18만 1천 ㎢
- 인구 1,718만 명
- 화폐 리엘
- 언어 크메르어

'시엠립'은 '앙코르와트'를 가기 위해 전세계 사람들이 모이는 작은 도시예요.

 쭘리읍 쑤어

라오스
Laos

- **국명** 라오 인민 민주 공화국
- **수도** 비엔티안
  /**유명한 도시** 방비엥, 루앙프라방
- **면적** 23만 6,800㎢
- **인구** 769만 명
- **화폐** 킵
- **언어** 라오어

동남아시아에서 가장 큰 강인 '메콩강'이 흘러요.

싸바이디

미얀마
Myanmar

- **국명** 미얀마 연방 공화국   예전 이름은 '버마'였어요.
- **수도** 네피도
- **면적** 67만 6,600㎢
- **인구** 5,451만 명
- **화폐** 짜트
- **언어** 미얀마어

밍글라바

필리핀
Philippines

- 국명 필리핀 공화국
- 수도 마닐라
  - / 유명한 도시 세부
- 면적 30만 ㎢
- 인구 1억 1,310만 명
- 화폐 페소
- 언어 타갈로그어, 영어

7,500여 개의 섬으로 이루어진 나라예요.
미국의 지배를 받다가 1946년에 독립했어요.
그 영향으로 영어를 함께 사용해요.

 마간당 아라우

말레이시아

Malaysia

- 국명 말레이시아
- 수도 쿠알라룸푸르
  - /유명한 도시 코타키나발루
- 면적 33만 252㎢
- 인구 3,306만 명
- 화폐 링깃
- 언어 말레이어

슬라맛 뜽아 하리

싱가포르
Singapore

- **국명** 싱가포르 공화국
- **수도** 싱가포르
- **면적** 719㎢
- **인구** 592만 명
- **화폐** 싱가포르 달러
- **언어** 영어, 중국어, 말레이어, 타밀어

싱가포르라는 도시 자체가
하나의 국가인 '도시 국가'예요.

머리는 사자, 몸은 물고기인 상상의 동물
'머라이언'이 국가의 상징이에요.

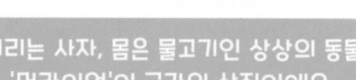

헬로

인도네시아

Indonesia

- 국명 인도네시아 공화국
- 수도 자카르타
  / 유명한 섬 발리
- 면적 191만 6,820㎢
- 인구 2억 7,743만 명
- 화폐 루피아
- 언어 인도네시아어

2만여 개 섬으로 이루어진 나라예요.

아파 카바르

브루나이 Brunei

- 국명 브루나이 다루살람
- 수도 반다르스리브가완
- 면적 5,770㎢
- 인구 44만 명
- 화폐 브루나이 달러
- 언어 말레이어, 영어

동티모르 East Timor

- 국명 동티모르 민주 공화국
- 수도 딜리
- 면적 1만 4,954㎢
- 인구 135만 명
- 화폐 미국 달러
- 언어 테툼어, 포르투갈어,
  인도네시아어

인도
India

- **국명** 인도 공화국
- **수도** 뉴델리
  /**유명한 도시** 뭄바이, 아그라
- **면적** 328만 7,782㎢
- **인구** 14억 2,500만 명
- **화폐** 루피
- **언어** 힌디어, 영어

> 불교가 처음 나타난 나라이며,
> 현재 대부분의 국민은 힌두교를 믿고 있어요.

 나마스테

인도의 인물

간디

'비폭력 무저항 운동'으로
영국으로부터 인도의 독립을 이끈
지도자예요.

인도의 건축물

타지마할

17세기 인도 무굴 제국 왕비의 무덤으로,
아그라에 있으며
세계에서 가장 화려한 건물로 손꼽혀요.

인도의 음식

카레

라씨

인도식 요구르트예요.

난

잎사귀 모양의 인도 빵이에요.
밀가루 반죽을 발효시킨 뒤 얇게 펴
화덕에 구워요.

스리랑카

Sri Lanka

- **국명** 스리랑카 민주 사회주의 공화국
- **수도** 콜롬보, 스리자야와르데네푸라코테 (행정)
- **면적** 6만 5,610㎢
- **인구** 2,218만 명
- **화폐** 루피
- **언어** 싱할라어, 타밀어, 영어

인도반도의 남동쪽에 있는 섬나라예요.
홍차가 유명해요. 스리랑카의 옛 이름 '실론'을 따서,
홍차를 '실론 티'라고 해요.

 아유 보완

몰디브
Maldives

- **국명** 몰디브 공화국
- **수도** 말레
- **면적** 298㎢
- **인구** 54만 명
- **화폐** 몰디브 루피아
- **언어** 디베히어

인도반도의 남서쪽에 있으며
약 1,200개의 산호섬으로 이루어진 나라예요.

앗살람 알라이쿰

네팔

Nepal

두 개의 삼각형을 나란히 세운 모양의 국기예요.

- **국명** 네팔 연방 민주 공화국
- **수도** 카트만두
- **면적** 14만 7,181㎢
- **인구** 3,055만 명
- **화폐** 네팔 루피
- **언어** 네팔어

세계에서 가장 높은
에베레스트산(8,848m)이 있어요.

나마스테

부탄 Bhutan

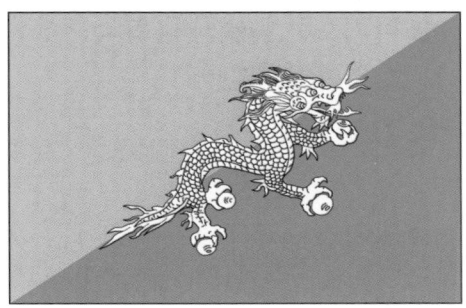

- **국명** 부탄 왕국
- **수도** 팀푸
- **면적** 3만 8,394㎢
- **인구** 78만 명
- **화폐** 눌트럼
- **언어** 종카어, 영어, 네팔어

아시아

방글라데시 Bangladesh

- **국명** 방글라데시 인민 공화국
- **수도** 다카
- **면적** 14만 8천 ㎢
- **인구** 1억 7천만 명
- **화폐** 타카
- **언어** 벵갈어

국기의 둥그란 원은
중앙에서 약간 왼쪽에 치우쳐 있어요.

파키스탄 Pakistan

- 국명 파키스탄 이슬람 공화국
- 수도 이슬라마바드
- 면적 79만 6천 ㎢
- 인구 2억 3천만 명
- 화폐 파키스탄 루피
- 언어 펀자브어, 영어, 우르두어,
  파슈토어, 신드어

아프가니스탄 Afghanistan

- 국명 아프가니스탄 이슬람 공화국
- 수도 카불
- 면적 65만 2천 ㎢
- 인구 3,494만 명
- 화폐 아프가니
- 언어 다리어, 파슈토어, 투르크멘어

카자흐스탄

Kazakhstan

아
시
아

- **국명** 카자흐스탄 공화국
- **수도** 아스타나
- **면적** 272만 4,900㎢
- **인구** 1,957만 명
- **화폐** 텡게
- **언어** 카자흐어, 러시아어

나라 이름이 '-스탄'으로 끝나면, 이는 페르시아어로 '땅'이라는 뜻이에요. 중앙아시아 국가들은 러시아어를 공용어로 사용하고, 대부분 이슬람교를 믿어요.

셀레멧스즈 베

우즈베키스탄 Uzbekistan

- 국명 우즈베키스탄 공화국
- 수도 타슈켄트
- 면적 44만 7,400㎢
- 인구 3,597만 명
- 화폐 숨
- 언어 우즈베크어, 러시아어

키르기스스탄 Kyrgystan

- 국명 키르기즈 공화국
- 수도 비슈케크
- 면적 19만 9,951㎢
- 인구 675만 명
- 화폐 솜
- 언어 키르기스어, 러시아어

투르크메니스탄 Turkmenistan

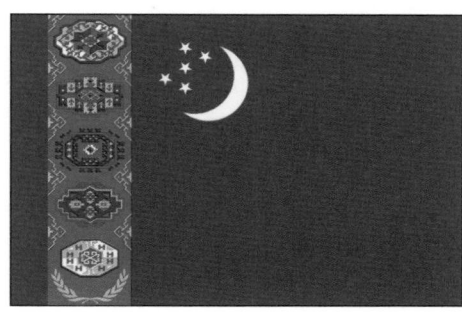

- 국명 투르크메니스탄
- 수도 아시가바트
- 면적 48만 8,100㎢
- 인구 632만 명
- 화폐 마나트
- 언어 투르크멘어, 러시아어

타지키스탄 Tajikistan

- 국명 타지키스탄 공화국
- 수도 두샨베
- 면적 14만 3,100㎢
- 인구 1,001만 명
- 화폐 소모니
- 언어 타지키스탄어, 러시아어

이란

Iran

녹색과 빨간색 줄에는 페르시아어로 '알라는 위대하다'라고 쓰여 있어요.

- **국명** 이란 이슬람 공화국
- **수도** 테헤란
- **면적** 174만 ㎢
- **인구** 8,602만 명
- **화폐** 이란 리알
- **언어** 페르시아어

옛날에는 '페르시아'라고 불렸어요.

살람

이라크

Iraq

가운데 녹색 글자는 아랍어로
'알라는 위대하다'라는 뜻이에요.

- 국명 이라크 공화국
- 수도 바그다드
- 면적 44만 1,839㎢
- 인구 3,965만 명
- 화폐 이라크 디나르
- 언어 아랍어, 쿠르드어

'아랍'은 아랍어를 사용하고
이슬람교를 국교로 하는 나라들을 말해요.

앗살라무 알라이쿰

쿠웨이트 Kuwait

- **국명** 쿠웨이트국
- **수도** 쿠웨이트
- **면적** 1만 7,818㎢
- **인구** 482만 명
- **화폐** 쿠웨이트 디나르
- **언어** 아랍어, 영어

카타르 Qatar

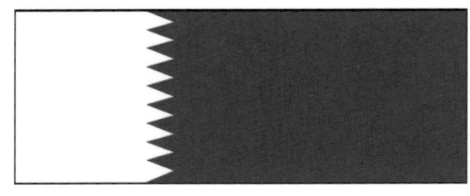

나라의 땅 대부분이 사막이에요.

- **국명** 카타르국
- **수도** 도하
- **면적** 1만 1,581㎢
- **인구** 267만 명
- **화폐** 카타르 리얄
- **언어** 아랍어, 영어

아랍 에미리트 United Arab Emirates(UAE)

아부다비, 두바이 등
7개 나라가 모인 연방 국가예요.

- 국명 아랍 에미리트 연합국
- 수도 아부다비
- 면적 8만 3,600㎢
- 인구 944만 명
- 화폐 디르함
- 언어 아랍어, 영어

바레인 Bahrain

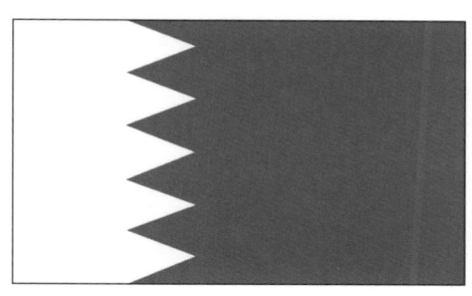

- 국명 바레인 왕국
- 수도 마나마
- 면적 778㎢
- 인구 158만 명
- 화폐 바레인 디나르
- 언어 아랍어, 영어

사우디아라비아

Saudi Arabia

국기에는 '알라 외에는 신이 없고, 무함마드는 알라의 사도이다'라고 적혀 있어요.

- **국명** 사우디아라비아 왕국
- **수도** 리야드
  - **/유명한 도시** 메카

'메카'는 마호메트가 태어난 곳이에요.
이슬람교 최고의 성지예요.

- **면적** 215만 ㎢
- **인구** 3,549만 명
- **화폐** 사우디아라비아 리얄
- **언어** 아랍어

 앗살라무 알라이쿰

오만 Oman

- **국명** 오만 왕국
- **수도** 무스카트
- **면적** 30만 9,500㎢
- **인구** 477만 명
- **화폐** 오만 리알
- **언어** 아랍어, 영어

예멘 Yemen

- **국명** 예멘 공화국
- **수도** 사나
  - /**유명한 도시** 모카
- **면적** 52만 7,968㎢
- **인구** 3,407만 명
- **화폐** 예멘 리알
- **언어** 아랍어

모카 커피의 '모카'가 바로 커피 무역으로
유명했던 예멘의 작은 항구 도시예요.

47

요르단

Jordan

- **국명** 요르단 왕국
- **수도** 암만
- **면적** 8만 9,342㎢
- **인구** 1,131만 명
- **화폐** 요르단 디나르
- **언어** 아랍어, 영어

암만 남쪽에 유명한 고대 유적지 '페트라'가 있어요. 유네스코 세계 유산으로, 붉은 바위로 둘러싸여 신비로운 모습을 자랑해요.

 앗살라무 알라이쿰

시리아 Syria

- **국명** 시리아 아랍 공화국
- **수도** 다마스쿠스
- **면적** 18만 5,180㎢
- **인구** 2,293만 명
- **화폐** 시리아 파운드
- **언어** 아랍어, 프랑스어

레바논 Lebanon

- **국명** 레바논 공화국
- **수도** 베이루트
- **면적** 1만 452㎢
- **인구** 560만 명
- **화폐** 레바논 파운드
- **언어** 아랍어, 영어, 프랑스어

가운데 있는 나무는 '백향목'이에요.

이스라엘 Israel

- 국명 이스라엘
- 수도 예루살렘
- 면적 2만 770㎢
- 인구 959만
- 화폐 셰켈
- 언어 히브리어, 아랍어, 영어

국제 사회는 '텔아비브'를 수도로 인정해요.

히브리어를 사용하고 유대교를 믿는 민족인 유대인이 세운 나라예요.

팔레스타인 Palestine

- 국명 팔레스타인
- 수도 라말라(임시 수도)
- 면적 6,020㎢
- 인구 510만 명
- 화폐 셰켈
- 언어 아랍어, 영어

유엔
UN(United Nations)

- **설립일** 1945년 10월 24일
- **가입 국가** 193개
- **주요 활동** 평화 유지, 군비 축소, 국제 협력
- **본부 위치** 뉴욕
- **공용어** 영어, 프랑스어, 중국어, 스페인어, 러시아어, 아랍어

'국제기구'란 두 나라 이상의 회원국으로 구성된 조직체예요.
유엔 사무총장은 이 기구의 최고 행정관으로,
2007~2016년 제8대 사무총장으로 우리나라 반기문이 임명되었어요.

#유럽
Europe

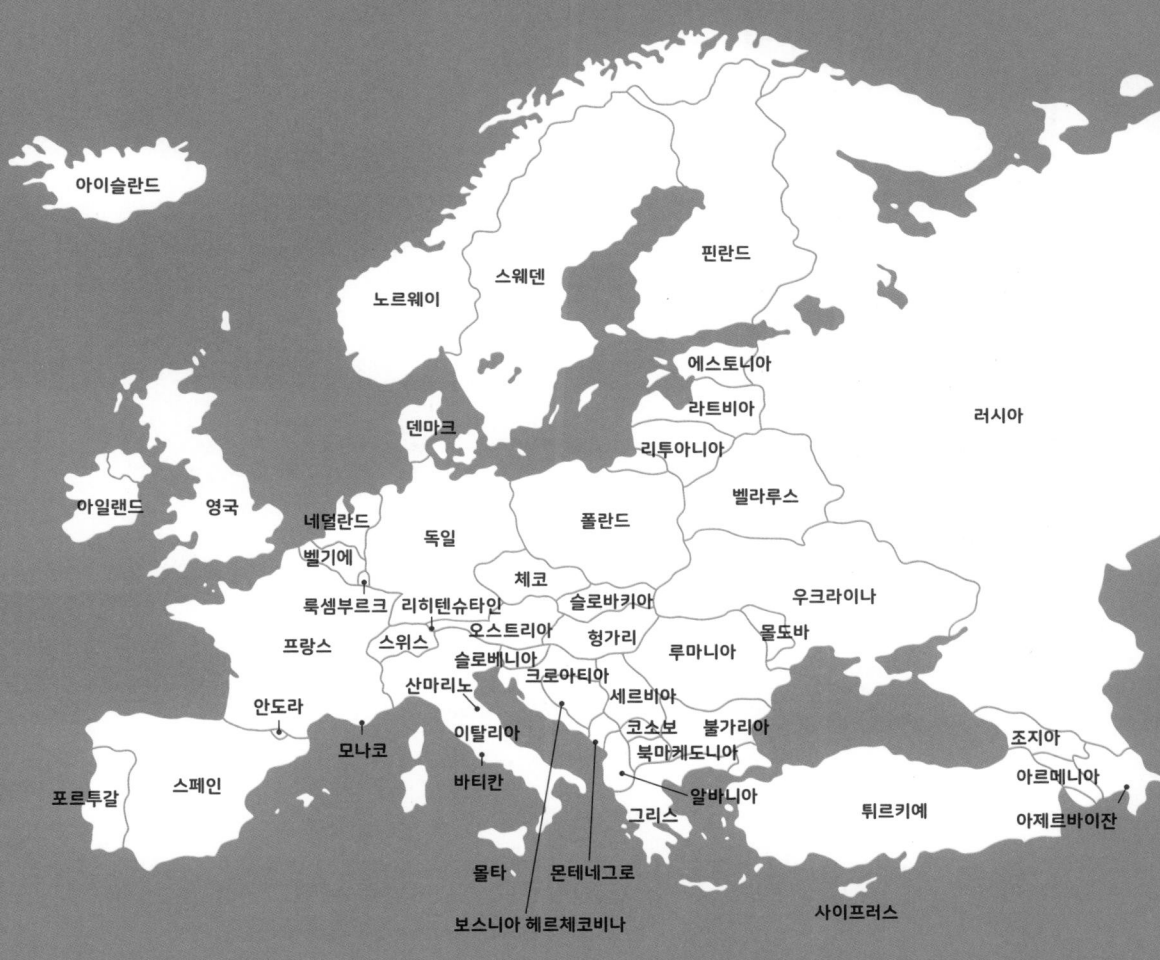

아이슬란드

노르웨이

스웨덴

핀란드

에스토니아

라트비아

리투아니아

러시아

덴마크

벨라루스

아일랜드

영국

네덜란드

독일

폴란드

벨기에

룩셈부르크

리히텐슈타인

체코

슬로바키아

우크라이나

프랑스

스위스

오스트리아

헝가리

몰도바

슬로베니아

루마니아

산마리노

크로아티아

세르비아

안도라

모나코

이탈리아

코소보

불가리아

조지아

바티칸

북마케도니아

아르메니아

포르투갈

스페인

알바니아

튀르키예

아제르바이잔

그리스

몰타

몬테네그로

사이프러스

보스니아 헤르체코비나

프랑스

France

프랑스 국기에서 파란색은 자유,
흰색은 평등, 빨간색은 박애를 뜻해요.

- 국명 프랑스 공화국
- 수도 파리
- 면적 67만 5,417㎢
- 인구 6,800만 명
- 화폐 유로
- 언어 프랑스어

'유로'는 유럽 연합(EU)의 화폐 단위예요.

봉주르

54

프랑스의 건축물

에펠탑

개선문

노트르담 대성당

루브르 박물관

베르사유 궁전

루브르 박물관에는 레오나르도 다빈치가 그린
「모나리자」가 있어요. 신비스러운 미소가 유명한 작품이에요.

프랑스의 음식

프랑스의 인물

바게트

에스카르고

식용 달팽이로 만든 요리예요.

나폴레옹

나폴레옹은 유럽 대륙을 정복했던
프랑스의 황제예요.

네덜란드
Netherlands

- 국명 네덜란드 왕국
- 수도 암스테르담
- 면적 4만 1,865㎢
- 인구 1,760만 명
- 화폐 유로
- 언어 네덜란드어

네덜란드 출신 화가 고흐의 작품을 볼 수 있는 '반 고흐 미술관'과 「안네의 일기」로 알려진 '안네 프랑크 하우스'가 암스테르담에 있어요. 네덜란드는 풍차와 튤립으로 유명해요.

후더미다흐

벨기에
Belgium

- 국명 벨기에 왕국
- 수도 브뤼셀
- 면적 3만 528㎢
- 인구 1,140만 명
- 화폐 유로
- 언어 프랑스어, 네덜란드어, 독일어, 영어

'브뤼셀'에 유럽 연합(EU) 본부가 있어요.
와플과 초콜릿이 유명한 나라예요.

후더미다흐

룩셈부르크
Luxembourg

- **국명** 룩셈부르크 대공국
- **수도** 룩셈부르크
- **면적** 2,586㎢
- **인구** 67만 4천 명
- **화폐** 유로
- **언어** 룩셈부르크어, 프랑스어, 독일어

프랑스, 독일, 벨기에에 둘러싸여 있는 작은 나라예요.

모이엥

모나코

Monaco

인도네시아 국기와 똑같이 생겼지만,
가로와 세로 비율이
모나코는 5:4, 인도네시아는 3:2로 달라요.

- 국명 모나코 공국
- 수도 모나코
- 면적 2.02㎢
- 인구 3만 1,223명
- 화폐 유로
- 언어 프랑스어, 영어, 이탈리아어

봉주르

영국
United Kingdom(UK)

유니언 잭

잉글랜드, 스코틀랜드, 북아일랜드를 상징하는 십자가들의 조합이에요.

영국은 유럽 대륙 서북쪽에 있는 섬나라예요.
그레이트브리튼섬(잉글랜드, 웨일스, 스코틀랜드)과
북아일랜드 및 부근 900여 개의 섬으로 이루어져 있어요.
영국은 유럽 연합(EU) 회원국이 아니에요.

- 국명 영국
- 수도 런던
  / 유명한 도시 옥스퍼드, 맨체스터, 에든버러
- 면적 24만 4,820㎢
- 인구 6,702만 명
- 화폐 파운드
- 언어 영어

 헬로

영국의 왕실

버킹엄 궁전

근위병

영국의 왕실은 상징적인 존재일 뿐 나라를 통치하지는 않아요.

영국의 건축물

대영 박물관

빅 벤

런던에 있는
국회 의사당 하원 시계탑의
대형 시계예요.

런던 아이

런던 템스강 주변에 위치한
대관람차예요.

영국의 인물

셰익스피어

영국의 작가로, 「햄릿」,
「리어왕」, 「맥베스」, 「오셀로」 등
많은 작품을 남겼어요.

유럽

아일랜드
Ireland

- **국명** 아일랜드
- **수도** 더블린
- **면적** 7만 282㎢
- **인구** 512만 명
- **화폐** 유로
- **언어** 아일랜드어, 영어

치아 다이치

아이슬란드
Iceland

- **국명** 아이슬란드 공화국
- **수도** 레이캬비크
- **면적** 10만 3천 ㎢
- **인구** 36만 8천 명
- **화폐** 아이슬란드 크로나
- **언어** 아이슬란드어

북극과 가까운 섬나라예요.
빙하, 화산, 온천이 많고, 오로라를 볼 수 있어요.

고자 다잉

덴마크
Denmark

- **국명** 덴마크 왕국
- **수도** 코펜하겐
- **면적** 4만 2,934㎢ (그린란드, 페로 제도 등 자치령 제외)
- **인구** 589만 명
- **화폐** 덴마크 크로네
- **언어** 덴마크어

> 에스키모인이 살고 있는 '그린란드'는 세계에서 가장 큰 섬이에요. '자치령'이란 한 나라에 속해 있으나 정부의 간섭을 받지 않는 지역을 말해요.

 헤이

노르웨이

Norway

- 국명 노르웨이 왕국
- 수도 오슬로
- 면적 38만 6,958㎢ (스발바르 제도 포함)
- 인구 550만 명
- 화폐 노르웨이 크로네
- 언어 노르웨이어

빙하에 깎인 좁고 긴 골짜기에 바닷물이 들어와 만들어진 '피오르 해안'을 많이 볼 수 있어요.

헤이

스웨덴

Sweden

- **국명** 스웨덴 왕국
- **수도** 스톡홀름
- **면적** 44만 9,964㎢
- **인구** 1,040만 명
- **화폐** 스웨덴 크로나
- **언어** 스웨덴어

노벨상으로 유명한 화학자 '노벨'이 태어난 나라예요.

구 다그

핀란드
Finland

- 국명 핀란드 공화국
- 수도 헬싱키
- 면적 33만 8,145㎢
- 인구 559만 명
- 화폐 유로
- 언어 핀란드어, 스웨덴어

핀란드 북쪽 지역에 '산타클로스 마을'이 있어요.
충치 예방에 좋은 천연 감미료 '자일리톨'이 유명해요.

빠이바

독일
Germany

- **국명** 독일 연방 공화국
- **수도** 베를린
  - **/ 유명한 도시** 프랑크푸르트, 뮌헨
- **면적** 35만 7,580㎢
- **인구** 8,460만 명
- **화폐** 유로
- **언어** 독일어

서독과 동독으로 나뉘었던 독일은 1990년 하나의 국가로 통일되었어요.

구텐 탁

독일의 건축물

노이슈반슈타인성

디즈니랜드성의 모델인
아름다운 건축물이에요.

베를린 장벽

제2차 세계대전 후 베를린에 생긴 벽이었으나,
1990년에 동독과 서독이 통합되면서 무너졌어요.
현재는 기념물로 일부만 남겨져 있어요.

독일의 인물

아인슈타인

독일 태생의 물리학자로,
상대성 이론을 발표했어요.

히틀러

독일 전쟁 범죄자로
정당 나치스의 우두머리였으며,
제2차 세계 대전을 일으켰어요.

독일의 음식

슈바인스학세

돼지의 발목 윗부분을 구워서
먹는 음식으로,
우리나라의 족발과 비슷해요.

스위스
Switzerland

프랑스어 이름 스위스(Suisse)를 영어 이름 Switzerland로 말하기도 합니다.

국기가 정사각형 모양이에요.

- 국명 스위스 연방
- 수도 베른
  /유명한 도시 취리히, 제네바, 인터라켄, 체르마트
- 면적 4만 1,285㎢
- 인구 896만 명
- 화폐 스위스 프랑
- 언어 독일어, 프랑스어, 이탈리아어, 로망어

구텐 탁

스위스의 자연

마터호른

알프스 산맥의 높은 산봉우리예요.
삼각 초콜릿 포장지에 그려져 있어 유명해요.

스위스의 기차

융프라우 철도

유럽에서 가장 높은 곳에 있는
융프라우요흐역을 가는 유명한 산악 기차예요.

스위스의 음식

퐁뒤

작은 항아리에 치즈나 초콜릿을 녹여
여기에 각종 음식을 찍어 먹는
알프스 지역의 전통 요리예요.

스위스의 꽃

에델바이스

스위스를 상징하는 꽃이에요.

오스트리아

Austria

- **국명** 오스트리아 공화국
- **수도** 빈
- **면적** 8만 3,879㎢
- **인구** 910만 명
- **화폐** 유로
- **언어** 독일어

'빈'을 영어 이름 '비엔나(Vienna)'로 말하기도 해요.
모차르트, 슈베르트와 같은 세계적인 음악가가 태어난 나라예요.
'빈 소년 합창단'은 세계 최고의 소년 합창단 중 하나예요.

 구텐 탁

리히텐슈타인
Liechtenstein

- **국명** 리히텐슈타인 공국
- **수도** 파두츠
- **면적** 160㎢
- **인구** 4만 명
- **화폐** 스위스 프랑
- **언어** 독일어

스위스와 오스트리아 사이에 있는 작은 나라예요.

구텐 탁

스페인

Spain

- 국명 스페인 왕국
- 수도 마드리드
  / 유명한 도시 바르셀로나, 그라나다, 발렌시아
- 면적 50만 5,370㎢
- 인구 4,743만 명
- 화폐 유로
- 언어 스페인어

올라

스페인의 춤

플라멩코

기타와 캐스터네츠 소리에 맞추어
손뼉을 치거나 발을 구르는
스페인 춤을 가리켜요.

스페인의 경기

투우

투우사와 소가 싸우는 경기예요.
투우사가 붉은 천으로 소를 유인하고
몸을 비키면서 최후에 검으로 숨통을 찔러요.

스페인의 음식

파에야

고기, 해물, 채소, 쌀 등을
볶다가 사프란과 육수를 넣고
졸여서 먹어요.

추로스

밀가루 반죽을 가늘고 긴
막대 모양으로 만들어
기름에 튀긴 과자예요.

스페인의 인물

가우디

스페인의 유명 건축가예요.
바르셀로나 곳곳에서
'사그라다 파밀리아 성당'을 비롯한
그의 많은 작품을 볼 수 있어요.

유럽

포르투갈

Portugal

- **국명** 포르투갈 공화국
- **수도** 리스본
- **면적** 9만 2,225㎢
- **인구** 1,034만 명
- **화폐** 유로
- **언어** 포르투갈어

보아 따르지

안도라

Andorra

- 국명 **안도라 공국**
- 수도 **안도라라베야**
- 면적 **468㎢**
- 인구 **8만 5,645명**
- 화폐 **유로**
- 언어 **카탈루냐어, 프랑스어, 스페인어, 포르투갈어**

프랑스와 스페인 사이
피레네산맥에 있는 작은 나라예요.

보나 따르떼

이탈리아
Italia

- 국명 이탈리아 공화국
- 수도 로마
  / 유명한 도시 밀라노, 베네치아
- 면적 30만 2,072㎢
- 인구 6,239만 명
- 화폐 유로
- 언어 이탈리아어

이탈리아는 장화 모양의 반도 국가예요.

부온 죠르노

이탈리아의 건축물

콜로세움

로마에 있는 고대의 원형 경기장이에요.

피사의 사탑

도시 '피사'에 있는 8층의 둥근 탑으로,
계속 기울어지고 있어요.

이탈리아의 인물

레오나르도 다빈치

이탈리아 르네상스 시대를 대표하는 만능 예술가예요.
그림 작품으로 「모나리자」, 「최후의 만찬」 등이 있어요.

이탈리아의 음식

파스타

밀가루를 달걀에 반죽하여 만든
이탈리아식 국수로, 만든 모양에 따라
마카로니, 스파게티 등이 있어요.

피자

바티칸
Vatican

- 국명 교황청, 바티칸 시국
- 수도 바티칸
- 면적 0.44㎢
- 인구 1천 명
- 화폐 유로
- 언어 라틴어, 이탈리아어, 프랑스어, 영어

이탈리아의 로마 안에 있는 가톨릭 도시 국가예요. 성베드로 대성당, 성베드로 광장, 교황 거처 및 사무실 등이 있어요.

살웨

산마리노 San Marino

- 국명 산마리노 공화국
- 수도 산마리노
- 면적 60.5㎢
- 인구 3만 3,745명
- 화폐 유로
- 언어 이탈리아어

이탈리아 북부에 있는 작은 나라예요.

몰타 Malta

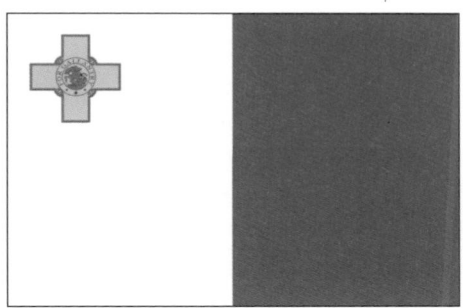

- 국명 몰타 공화국
- 수도 발레타
- 면적 316㎢
- 인구 46만 1천 명
- 화폐 유로
- 언어 몰타어, 영어

유럽

그리스
Greece

- 국명 그리스 공화국
- 수도 아테네
  / 유명한 도시 산토리니
- 면적 13만 1,957㎢
- 인구 1,041만 명
- 화폐 유로
- 언어 그리스어

고대 그리스 문명의 뿌리가 되는 곳으로, 「그리스 신화」의 배경이 된 '파르테논 신전', '올림포스산'이 있어요.

 야 사스

폴란드
Poland

- **국명** 폴란드 공화국
- **수도** 바르샤바
- **면적** 31만 2,685㎢
- **인구** 3,856만 명
- **화폐** 즈워티
- **언어** 폴란드어

작곡가 '쇼팽', 과학자 '마리 퀴리'가
태어난 나라예요.
제2차 세계 대전의 아픈 흔적,
'아우슈비츠 수용소'가 있어요.

지엔 도브리

유럽

83

벨라루스 Belarus

- 국명 벨라루스 공화국
- 수도 민스크
- 면적 20만 7,600㎢
- 인구 926만 명
- 화폐 벨라루스 루블
- 언어 벨라루스어, 러시아어

#발트해 동쪽에 있는 '**발트 3국**(에스토니아, 라트비아, 리투아니아)'을 알아볼게요.

에스토니아 Estonia

- 국명 에스토니아 공화국
- 수도 탈린
- 면적 4만 5,228㎢
- 인구 122만 명
- 화폐 유로
- 언어 에스토니아어, 러시아어

라트비아 Latvia

- **국명** 라트비아 공화국
- **수도** 리가
- **면적** 6만 4,589㎢
- **인구** 186만 명
- **화폐** 유로
- **언어** 라트비아어

리투아니아 Lithuania

- **국명** 리투아니아 공화국
- **수도** 빌뉴스
- **면적** 6만 5,300㎢
- **인구** 289만 명
- **화폐** 유로
- **언어** 리투아니아어

체코

Czech

- 국명 체코 공화국
- 수도 프라하
- 면적 7만 8,867㎢
- 인구 1,090만 명
- 화폐 코루나
- 언어 체코어

'프라하'에는 프라하성과 아름다운 야경을 보러 관광객들이 모여들어요. 마디에 실을 묶어 움직이는 인형, '마리오네트'가 유명해요.

도브리이 덴

슬로바키아 Slovakia

- 국명 슬로바키아 공화국
- 수도 브라티슬라바
- 면적 4만 9,035㎢
- 인구 543만 명
- 화폐 유로
- 언어 슬로바키아어

유럽

우크라이나 Ukraine

- 국명 우크라이나
- 수도 키이우
- 면적 60만 3,500㎢
- 인구 3,336만 명
- 화폐 흐리브나
- 언어 우크라이나어, 러시아어

수도를 러시아어로
'키예프'라 말하기도 해요.

헝가리
Hungary

- 국명 헝가리
- 수도 부다페스트
- 면적 9만 3,030㎢
- 인구 958만 명
- 화폐 포린트
- 언어 헝가리어

'부다페스트'의 국회의사당 야경은 아름답기로 유명해요. 도시에 '다뉴브강'이 흘러 유람선 관광을 하는 여행객들이 많아요.

  요 너포트 끼바 녹

루마니아 Romania

- 국명 루마니아
- 수도 부쿠레슈티
- 면적 23만 8,397㎢
- 인구 1,905만 명
- 화폐 레우
- 언어 루마니아어

'드라큘라 성'이라고 불리는
유명한 관광지 '브란성'이 있어요.

몰도바 Moldova

- 국명 몰도바 공화국
- 수도 키시나우
- 면적 3만 3,851㎢
- 인구 251만 2천 명
- 화폐 레이
- 언어 몰도바어, 러시아어

몰도바어는 루마니아어와
거의 비슷해요.

크로아티아
Croatia

- 국명 크로아티아 공화국
- 수도 자그레브
  - /유명한 도시 두브로브니크
- 면적 5만 6,594㎢
- 인구 385만 5천 명
- 화폐 쿠나
- 언어 크로아티아어

'두브로브니크'는 붉은 지붕과 푸른 바다가
잘 어우러진 아름다운 도시로 유명해요.

도바르 단

슬로베니아 Slovenia

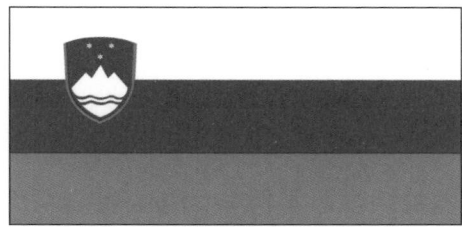

- **국명** 슬로베니아 공화국
- **수도** 류블랴나
- **면적** 2만 270㎢
- **인구** 212만 명
- **화폐** 유로
- **언어** 슬로베니아어

국기에 그려진 '트리글라브산'은
슬로베니아를 대표하는 산이에요

유럽

세르비아 Serbia

- **국명** 세르비아 공화국
- **수도** 베오그라드
- **면적** 7만 7,612㎢
- **인구** 664만 명
- **화폐** 세르비아 디나르
- **언어** 세르비아어

보스니아 헤르체코비나 Bosnia and Herzegovina

- 국명 보스니아 헤르체고비나
- 수도 사라예보
- 면적 5만 1,209㎢
- 인구 346만 명
- 화폐 보스니아 마르크
- 언어 세르보크로아트어

코소보 Kosovo

- 국명 코소보 공화국
- 수도 프리슈티나
- 면적 1만 908㎢
- 인구 177만 명
- 화폐 유로
- 언어 알바니아어, 세르비아어

불가리아

Bulgaria

- **국명** 불가리아 공화국
- **수도** 소피아
- **면적** 11만 ㎢
- **인구** 644만 명
- **화폐** 레바
- **언어** 불가리아어

도버르 덴

몬테네그로
Montenegro

- **국명** 몬테네그로
- **수도** 포드고리차
- **면적** 1만 3,812㎢
- **인구** 63만 명
- **화폐** 유로
- **언어** 몬테네그로어, 세르비아어

도바르 덴

알바니아 Albania

- 국명 알바니아 공화국
- 수도 티라나
- 면적 2만 8,748㎢
- 인구 286만 명
- 화폐 레크
- 언어 알바니아어

북마케도니아 North Macedonia

- 국명 북마케도니아
- 수도 스코페
- 면적 2만 5,713㎢
- 인구 182만 명
- 화폐 마케도니아 디나르
- 언어 마케도니아어, 알바니아어

튀르키예

예전에는 '터키'라고 불렸던 나라예요.

Türkiye

- **국명** 튀르키예 공화국
- **수도** 앙카라
  - / **유명한 도시** 이스탄불
- **면적** 77만 9,452㎢
- **인구** 8,537만 명
- **화폐** 튀르키예 리라
- **언어** 튀르키예어

'이스탄불'은 수도보다 크고 더 많은 인구가 살고 있어요.

 메르하바

사이프러스
Cyprus

- **국명** 사이프러스 공화국
- **수도** 니코시아
- **면적** 9,251㎢
- **인구** 125만 명
- **화폐** 유로
- **언어** 그리스어, 튀르키예어, 영어

'사이프러스'는 영어 이름이며, '키프로스'라고 말하기도 해요.

튀르키예의 남쪽, 지중해에 있는 섬나라예요. 위치는 아시아에 가깝지만, 사람들 대부분이 그리스 계통이라서 문화는 유럽과 비슷해요.

야 사스

러시아

Russia

- **국명** 러시아 연방
- **수도** 모스크바
  - **/유명한 도시** 블라디보스토크, 상트페테르부르크
- **면적** 1,709만 ㎢ (세계 1위)
- **인구** 1억 4,320만 명
- **화폐** 루블
- **언어** 러시아어

즈드라스드 부잇제

러시아의 인형

마트료시카

하나의 목각 인형 안에 크기순으로
똑같은 모양의 인형이 들어 있어요.

러시아의 건축물

성 바실리 대성당

모스크바의 붉은 광장에 있는
그리스 정교 성당으로, 아홉 개의 돔을
가지고 있어요. 게임 '테트리스'의
화면에 나오는 성당이에요.

러시아의 인물

차이콥스키

러시아의 유명한 작곡가예요.
「백조의 호수」, 「호두까기 인형」,
「잠자는 숲속의 미녀」가 그의 작품이에요.

러시아의 음식

샤슬릭

러시아의 꼬치구이 요리예요.

유럽

#'코카서스 3국(조지아, 아르메니아, 아제르바이잔)'을 알아볼게요.

조지아 Georgia

- 국명 조지아
- 수도 트빌리시
- 면적 6만 9,700㎢
- 인구 400만 명
- 화폐 라리
- 언어 조지아어, 러시아어

아르메니아 Armenia

- 국명 아르메니아 공화국
- 수도 예레반
- 면적 2만 9,743㎢
- 인구 296만 명
- 화폐 드람
- 언어 아르메니아어, 러시아어

아제르바이잔 Azerbaijan

- 국명 아제르바이잔 공화국
- 수도 바쿠
- 면적 8만 6,600㎢
- 인구 1,020만 명
- 화폐 마나트
- 언어 아제르바이잔어, 러시아어

유럽

#유럽 통합을 위한 기구 '유럽 연합'에 대해 알아볼게요.

유럽 연합 EU(European Union)

- 설립일 1993년 11월 1일
- 가입 국가 27개
- 주요 활동 유럽의 정치·사회·경제
  통합을 실현
- 본부 위치 벨기에 브뤼셀

2020년 1월에 영국은 유럽 연합을 탈퇴했으며, 이를 '브렉시트'라 말해요.

#아프리카
Africa

모로코
튀니지
알제리
리비아
이집트
모리타니
말리
니제르
차드
수단
에리트레아
카보베르데
세네갈
감비아
기니비사우
기니
부르키나파소
나이지리아
베냉
남수단
에티오피아
지부티
시에라리온
가나
소말리아
라이베리아
토고
카메룬
중앙아프리카 공화국
우간다
케냐
코트디부아르
적도 기니
가봉
콩고
르완다
세이셸
상투메 프린시페
콩고 민주 공화국
부룬디
탄자니아
코모로
앙골라
잠비아
말라위
짐바브웨
모잠비크
마다가스카르
나미비아
모리셔스
보츠와나
에스와티니
레소토
남아프리카 공화국

이집트

Egypt

#아랍어를 쓰고 이슬람교를 믿는 **아프리카 대륙의 북쪽**에 있는 국가를 알아볼게요.

- **국명** 이집트 아랍 공화국
- **수도** 카이로
  - **/유명한 도시** 룩소르
- **면적** 100만 ㎢
- **인구** 1억 600만 명
- **화폐** 이집트 파운드
- **언어** 아랍어

'룩소르'는 고대 이집트 신전과 벽화를
볼 수 있는 대표 관광지예요.

앗살라무 알라이쿰

이집트의 건축물

피라미드

돌이나 벽돌을 쌓아 만든
사각뿔 모양의 거대한 건축물로,
주로 왕이나 왕족의 무덤으로
만들어졌어요.

스핑크스

「그리스 신화」에 나오는 괴물로,
머리는 여자이고 몸은 날개가 달린 사자예요.
행인에게 수수께끼를 내어 못 풀면 죽였다고 해요.
고대 이집트에서는 스핑크스 석상을
궁전, 무덤 등의 입구에 세웠어요.

이집트의 인물

클레오파트라

로마에 맞서 싸우며
고대 이집트를 통치한 여왕이에요.

이집트의 자연

나일강

아프리카 동북부에 흐르는 강으로
고대 이집트 문명의 발상지예요.

사하라 사막

이집트를 중심으로 아프리카
북부 전 지역에 펼쳐져 있는
세계에서 가장 넓은 사막이에요.

리비아 Libya

- 국명 리비아
- 수도 트리폴리
- 면적 175만 9,540㎢
- 인구 678만 명
- 화폐 리비아 디나르
- 언어 아랍어

튀니지 Tunisia

- 국명 튀니지 공화국
- 수도 튀니스
- 면적 16만 2,155㎢
- 인구 1,220만 명
- 화폐 튀니지 디나르
- 언어 아랍어, 프랑스어

아프리카에 영어, 프랑스어 같은
유럽어를 함께 쓰는 국가들이 많아요.
이는 예전에 그 나라의 지배를 받다가
독립한 경우가 많아서 그래요.

모로코
Morocco

- **국명** 모로코 왕국
- **수도** 라바트
  / **유명한 도시** 페스
- **면적** 44만 6,540㎢
- **인구** 3,745만 명
- **화폐** 모로코 디르함
- **언어** 아랍어, 베르베르어, 프랑스어

벽으로 둘러싸인 옛 도시 '페스'는 세계 유산이에요. 이곳에 남아 있는 대학, 시장을 구경하러 관광객들이 찾아와요.

앗살라무 알라이쿰

107

알제리 Algeria

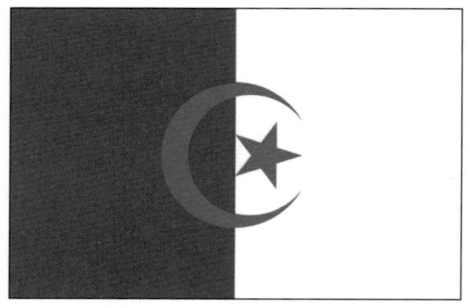

- **국명** 알제리 인민 민주 공화국
- **수도** 알제
- **면적** 238만 1,741㎢
- **인구** 4,597만 명
- **화폐** 알제리 디나르
- **언어** 아랍어, 베르베르어, 프랑스어

나라 땅 대부분이 사하라 사막이에요.

모리타니 Mauritania

- **국명** 모리타니아 이슬람 공화국
- **수도** 누악쇼트
- **면적** 103만 700㎢
- **인구** 443만 명
- **화폐** 우기야
- **언어** 아랍어, 프랑스어

세네갈 Senegal

- 국명 세네갈 공화국
- 수도 다카르
- 면적 19만 6,712㎢
- 인구 1,732만 명
- 화폐 세파 프랑
- 언어 프랑스어, 월로프어

아프리카

말리 Mali

- 국명 말리 공화국
- 수도 바마코
- 면적 124만 192㎢
- 인구 2,259만 명
- 화폐 세파 프랑
- 언어 프랑스어, 밤바라어

감비아 Gambia

- 국명 감비아 공화국
- 수도 반줄
- 면적 1만 1,295㎢
- 인구 271만 명
- 화폐 달라시
- 언어 영어, 월로프어

카보베르데 Cabo Verde

- 국명 카보베르데 공화국
- 수도 프라이아
- 면적 4,033㎢
- 인구 59만 3천 명
- 화폐 에스쿠도
- 언어 포르투갈어

기니비사우 Guinea Bissau

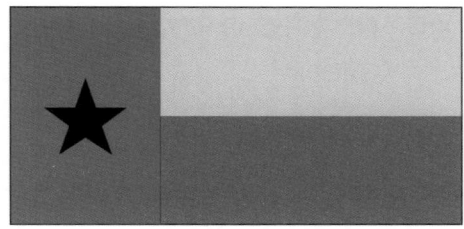

- 국명 기니비사우 공화국
- 수도 비사우
- 면적 3만 6,125㎢
- 인구 211만 명
- 화폐 세파 프랑
- 언어 포르투갈어

기니 Guinea

- 국명 기니 공화국
- 수도 코나크리
- 면적 24만 6천 ㎢
- 인구 1,386만 명
- 화폐 기니 프랑
- 언어 프랑스어

111

시에라리온 Sierra Leone

- 국명 시에라리온 공화국
- 수도 프리타운
- 면적 7만 1,740㎢
- 인구 861만 명
- 화폐 레오네
- 언어 영어

라이베리아 Liberia

- 국명 라이베리아 공화국
- 수도 몬로비아
- 면적 11만 3,370㎢
- 인구 530만 명
- 화폐 라이베리아 달러
- 언어 영어

나라 이름이 '자유'라는 뜻이에요.
미국 국기와 닮았어요. 미국에서 노예로
살았던 흑인들이 돌아와 세운 국가예요.

코트디부아르 Cote d'Ivoire

- 국명 코트디부아르 공화국
- 수도 야무수크로, 아비장(경제)
- 면적 33만 2,463㎢
- 인구 2,770만 명
- 화폐 세파 프랑
- 언어 프랑스어

나라 이름이 '상아 해변'이라는 뜻이에요.
상아는 코끼리 입에서
뿔처럼 길게 뻗은 엄니를 말해요.

가나 Ghana

- 국명 가나 공화국
- 수도 아크라
- 면적 23만 8,537㎢
- 인구 3,240만 명
- 화폐 가나 세디
- 언어 영어

초콜릿을 만드는 데 쓰이는
'카카오'가 많이 생산돼요.

토고 Togo

- 국명 토고 공화국
- 수도 로메
- 면적 5만 6,785㎢
- 인구 907만 명
- 화폐 세파 프랑
- 언어 프랑스어

베냉 Benin

- 국명 베냉 공화국
- 수도 포르토노보, 코토누(경제)
- 면적 11만 2,622㎢
- 인구 1,299만 명
- 화폐 세파 프랑
- 언어 프랑스어

니제르 Niger

- 국명 니제르 공화국
- 수도 니아메
- 면적 126만 7천 ㎢
- 인구 2,720만 명
- 화폐 세파 프랑
- 언어 프랑스어

부르키나파소 Burkina Faso

- 국명 부르키나파소
- 수도 와가두구
- 면적 27만 4,200㎢
- 인구 2,210만 명
- 화폐 세파 프랑
- 언어 프랑스어

차드 Chad

- 국명 차드 공화국
- 수도 은자메나
- 면적 128만 4천 ㎢
- 인구 1,717만 명
- 화폐 세파 프랑
- 언어 프랑스어, 아랍어

나이지리아 Nigeria

- 국명 나이지리아 연방 공화국
- 수도 아부자
- 면적 92만 3,768㎢
- 인구 2억 1,854만 명
- 화폐 나이라
- 언어 영어

카메룬
Cameroon

- 국명 카메룬 공화국
- 수도 야운데
- 면적 47만 5,440㎢
- 인구 3,014만 명
- 화폐 세파 프랑
- 언어 프랑스어, 영어

 봉주르

아프리카

중앙아프리카 공화국 Central African Republic

- 국명 중앙아프리카 공화국
- 수도 방기
- 면적 62만 2,984㎢
- 인구 545만 명
- 화폐 세파 프랑
- 언어 상고어, 프랑스어

적도 기니 Equatorial Guinea

- 국명 적도 기니 공화국
- 수도 말라보
- 면적 2만 8,051㎢
- 인구 167만 명
- 화폐 세파 프랑
- 언어 스페인어, 프랑스어,
  포르투갈어, 팡어

가봉 Gabon

- 국명 가봉 공화국
- 수도 리브르빌
- 면적 26만 7천 ㎢
- 인구 234만 명
- 화폐 세파 프랑
- 언어 프랑스어, 팡어

독일의 슈바이처 박사가
의료 활동을 했던 나라예요.

상투메 프린시페 Sao Tome and Principe

- 국명 상투메 프린시페 민주 공화국
- 수도 상투메
- 면적 1,001㎢
- 인구 22만 명
- 화폐 도브라
- 언어 포르투갈어

콩고 Congo

- 국명 콩고 공화국
- 수도 브라자빌
- 면적 34만 2천 ㎢
- 인구 630만 명
- 화폐 세파 프랑
- 언어 프랑스어

콩고 민주 공화국 Democratic Republic of Congo

- 국명 콩고 민주 공화국
- 수도 킨샤사
- 면적 234만 4,858㎢
- 인구 9,680만 명
- 화폐 콩고 프랑
- 언어 프랑스어

수단 Sudan

- 국명 수단 공화국
- 수도 카르툼
- 면적 186만 1,484㎢
- 인구 4,687만 명
- 화폐 수단 파운드
- 언어 아랍어, 영어

아프리카

남수단 South Sudan

2011년 수단으로부터 독립했어요.

- 국명 남수단 공화국
- 수도 주바
- 면적 64만 4,329㎢
- 인구 1,211만 명
- 화폐 남수단 파운드
- 언어 영어, 아랍어

에티오피아

Ethiopia

- 국명 에티오피아 연방 민주 공화국
- 수도 아디스아바바
- 면적 110만 4,300㎢
- 인구 1억 5,700만 명
- 화폐 비르
- 언어 암하라어, 영어

테나 이스투리누

에리트레아 Eritrea

- **국명** 에리트레아
- **수도** 아스마라
- **면적** 11만 7,600㎢
- **인구** 366만 명
- **화폐** 낙파
- **언어** 티그리냐어, 아랍어

지부티 Djibouti

- **국명** 지부티 공화국
- **수도** 지부티
- **면적** 2만 3,200㎢
- **인구** 104만 명
- **화폐** 지부티 프랑
- **언어** 프랑스어, 아랍어

소말리아 somalia

- 국명 소말리아 연방 공화국
- 수도 모가디슈
- 면적 63만 7,657㎢
- 인구 1,605만 명
- 화폐 소말리아 실링
- 언어 소말리아어, 아랍어,
  이탈리아어, 영어

세이셸 Seychelles

- 국명 세이셸 공화국
- 수도 빅토리아
- 면적 455㎢
- 인구 9만 9,202명
- 화폐 세이셸 루피
- 언어 영어, 프랑스어

케냐
Kenya

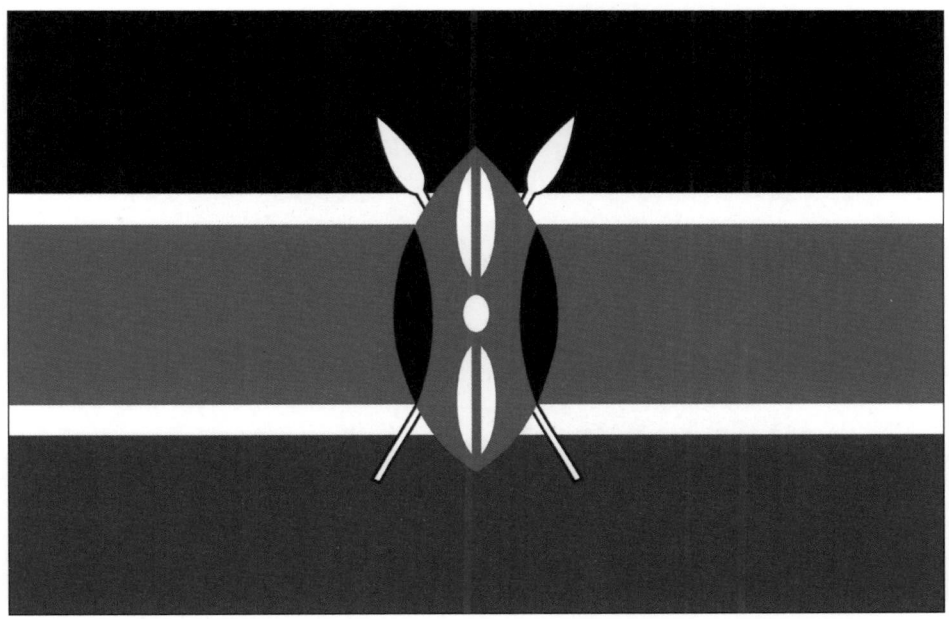

케냐에 사는 마사이족의 창과 방패가
국기 가운데 그려져 있어요.

- 국명 케냐 공화국
- 수도 나이로비
- 면적 58만 ㎢
- 인구 5,244만 명
- 화폐 케냐 실링
- 언어 스와힐리어, 영어

잠보

탄자니아

Tanzania

- 국명 탄자니아 합중국
- 수도 다레살람(경제·행정), 도도마(정치)
- 면적 94만 5,087㎢
- 인구 6,523만 명
- 화폐 탄자니아 실링
- 언어 스와힐리어, 영어

잠보

탄자니아의 자연

킬리만자로산

탄자니아와 케냐의 국경에 있어요.
아프리카 대륙에서 가장 높은 산이에요.
1년 내내 녹지 않는 만년설이 있어요.

세렝게티 국립공원

킬리만자로 산 서쪽에 있는 평원이에요.
사파리 투어로 사자, 기린, 코끼리 같은
다양한 야생 동물을 직접 볼 수 있어요.

잔지바르

아프리카 동쪽 탄자니아에 있는 섬으로,
아름다운 휴양지예요.

우간다
Uganda

우간다의 국조인 '잿빛왕관두루미'가
국기 가운데 그려져 있어요.

- **국명** 우간다 공화국
- **수도** 캄팔라
- **면적** 24만 1,038㎢
- **인구** 4,700만 명
- **화폐** 우간다 실링
- **언어** 영어, 우간다어, 스와힐리어

헬로

르완다 Rwanda

- 국명 르완다 공화국
- 수도 키갈리
- 면적 2만 6,338㎢
- 인구 1,501만 명
- 화폐 르완다 프랑
- 언어 영어, 키냐르완다어, 프랑스어, 스와힐리어

아프리카

부룬디 Burundi

- 국명 부룬디 공화국
- 수도 기테가
- 면적 2만 7,834㎢
- 인구 13,36만 명
- 화폐 부룬디 프랑
- 언어 영어, 프랑스어, 부룬디어

잠비아 Zambia

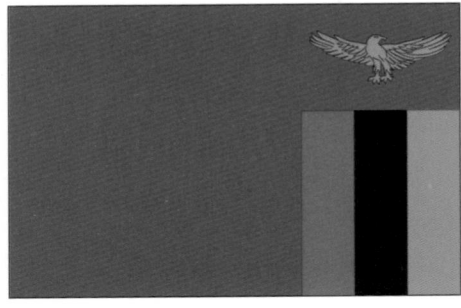

- 국명 잠비아 공화국
- 수도 루사카
- 면적 75만 2,618㎢
- 인구 1,892만 명
- 화폐 잠비아 콰차
- 언어 영어

짐바브웨 Zimbabwe

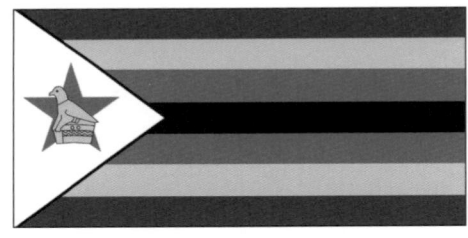

잠비아와 짐바브웨의 국경에
거대한 빅토리아 폭포가 있어요.

- 국명 짐바브웨 공화국
- 수도 하라레
- 면적 39만 ㎢
- 인구 1,509만 명
- 화폐 짐바브웨 달러
- 언어 영어

모잠비크 Mozambique

- 국명 모잠비크 공화국
- 수도 마푸투
- 면적 799만 ㎢
- 인구 3,006만 명
- 화폐 메티칼
- 언어 포르투갈어, 스와힐리어

아프리카

말라위 Malawi

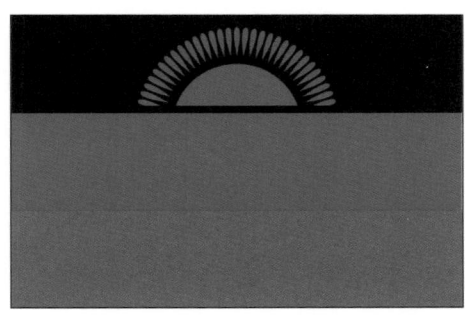

- 국명 말라위 공화국
- 수도 릴롱궤
- 면적 11만 8,484㎢
- 인구 1,965만 명
- 화폐 말라위 콰차
- 언어 영어, 치체와어

마다가스카르

Madagascar

- **국명** 마다가스카르 공화국
- **수도** 안타나나리보
- **면적** 58만 7,041㎢
- **인구** 3,059만 명
- **화폐** 아리아리
- **언어** 말라가시어, 프랑스어

마나 오나

모리셔스 Mauritius

- 국명 모리셔스 공화국
- 수도 포트루이스
- 면적 2,040㎢
- 인구 126만 명
- 화폐 모리셔스 루피
- 언어 영어, 프랑스어, 힌디어

코모로 Comoros

- 국명 코모로 연방
- 수도 모로니
- 면적 1,862㎢
- 인구 99만 명
- 화폐 코모로 프랑
- 언어 프랑스어, 아랍어, 코모로어

남아프리카 공화국
Republic of South Africa

- **국명** 남아프리카 공화국
- **수도** 프리토리아(행정), 케이프타운(입법), 블룸폰테인(사법)
  / **유명한 도시** 케이프타운, 요하네스버그
- **면적** 122만 ㎢
- **인구** 6,203만 명
- **화폐** 랜드
- **언어** 영어, 아프리칸스어, 줄루어 등

최초의 흑인 대통령이자 유명한 인권 운동가 '넬슨 만델라'의 나라예요.

헬로

레소토 Lesotho

- **국명** 레소토 왕국
- **수도** 마세루
- **면적** 3만 ㎢
- **인구** 230만 명
- **화폐** 로티
- **언어** 영어, 레소토어

국기 가운데 그림은 레소토 전통 모자예요. 레소토는 남아프리카 공화국에 둘러싸여 있어요.

에스와티니 Eswatini

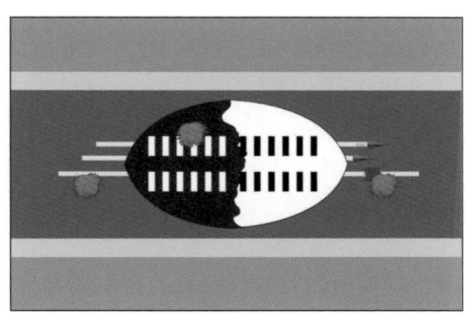

- **국명** 에스와티니 왕국
- **수도** 음바바네
- **면적** 1만 7,364㎢
- **인구** 117만 명
- **화폐** 릴랑게니
- **언어** 영어, 스와타어

국기 가운데 창과 방패가 그려져 있어요. 예전에는 나라 이름이 '스와질란드'였어요.

나미비아
Namibia

- **국명** 나미비아 공화국
- **수도** 빈트훅
- **면적** 82만 4,269㎢
- **인구** 269만 명
- **화폐** 나미비아 달러
- **언어** 영어, 아프리칸스어

땅의 대부분이 사막이에요.

헬로

보츠와나 Botswana

- 국명 보츠와나 공화국
- 수도 가보로네
- 면적 58만 1,730㎢
- 인구 263만 명
- 화폐 풀라
- 언어 영어, 세츠와나어

> 세계 유산 '오카방고 삼각주'는 광활한
> 자연을 느낄 수 있는 유명한 여행지예요.

앙골라 Angola

- 국명 앙골라 공화국
- 수도 루안다
- 면적 124만 6,700㎢
- 인구 3,789만 명
- 화폐 앙골라 콴자
- 언어 포르투갈어, 반투어

아메리카
America

미국
The United States of America(USA)

성조기

성조기에서 빨간색과 흰색 가로줄의 개수는
미국 독립 당시 13개 주(state)를 나타내요.
50개의 별은 현재 미국을 구성하는 주의 개수예요.

- **국명** 미합중국
- **수도** 워싱턴 디시
  - /**유명한 도시** 뉴욕, 로스앤젤레스(LA)
  - /**유명한 섬** 괌, 사이판, 하와이
- **면적** 983만 ㎢
- **인구** 3억 3,491만 명
- **화폐** 미국 달러
- **언어** 영어

헬로

미국의 건축물

백악관

수도 워싱턴 디시에 있는,
미국 대통령이 업무를 보며
살도록 마련한 집이에요.

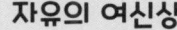

자유의 여신상

1876년 미국 독립 100주년을 기념하여
프랑스가 기증한
높이 약 46m의 거대한 상이에요.
뉴욕에 있어요.

할리우드

로스앤젤레스 서북쪽에 있는
지역으로, 영화 제작이 활발한
곳으로 유명해요.

아 메 리 카

미국의 자연

그랜드 캐니언

미국 서남부 애리조나주의 북부에 있는
거대한 협곡으로, 웅대한 절벽과 다양한 색의
암석이 아름다운 경관을 이루고 있어요.

미국의 음식

햄버거

캐나다
Canada

캐나다의 상징인 단풍잎이 국기 가운데 그려져 있어요.

- 국명 캐나다
- 수도 오타와
  / 유명한 도시 밴쿠버, 캘거리, 토론토, 퀘벡
- 면적 997만 ㎢ (세계 2위)
- 인구 3,931만 명
- 화폐 캐나다 달러
- 언어 영어, 프랑스어

퀘벡주는 프랑스어를 사용해요.

헬로

캐나다의 자연

로키산맥

북아메리카 대륙 서부에 있는 큰 산맥이에요.
멕시코 중부에서 시작하여 미국, 캐나다를
가로질러 멀리 알래스카까지 뻗어 있어요.

나이아가라 폭포

미국과 캐나다 국경을 따라
흐르는 폭포예요. 캐나다쪽에서 보는
풍경이 더 웅장해요.

캐나다의 스포츠

아이스하키

얼음 위에서 스케이트를 신고,
막대기로 고무로 된 퍽을 쳐서 상대편 골에
퍽을 많이 넣는 것으로 승패를 겨뤄요.

캐나다의 특산품

메이플시럽

단풍나무 수액으로 만든
달콤한 시럽이에요.

아메리카

멕시코
Mexico

국기 가운데 그림은 '선인장에 앉아 뱀을 물고 있는 독수리가 있는 곳에 도시를 지어라'라는 아스테카 문명의 전설에서 유래했어요.

- **국명** 멕시코 합중국
- **수도** 멕시코시티

  / 유명한 도시 칸쿤

- **면적** 196만 ㎢
- **인구** 1억 3,100만 명
- **화폐** 멕시코 페소
- **언어** 스페인어

멕시코는 고대 '마야 문명'과 '아스테카 문명'이 번창했던 나라예요.

올라

쿠바
Cuba

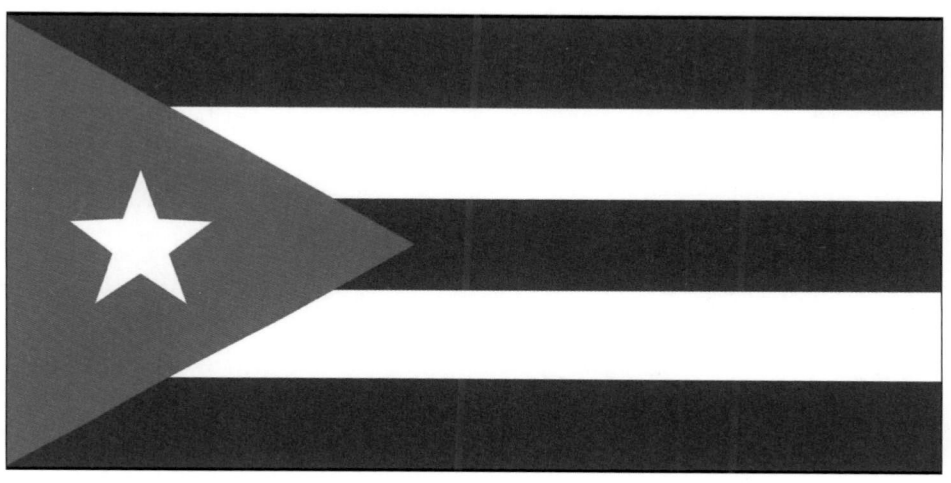

- 국명 쿠바 공화국
- 수도 아바나
- 면적 11만 860㎢
- 인구 1,120만 명
- 화폐 쿠바 페소
- 언어 스페인어

쿠바의 혁명을 위해 싸운 '체 게바라'가
쿠바를 상징하는 인물로 기억되고 있어요.

 올라

자메이카
Jamaica

- **국명** 자메이카
- **수도** 킹스턴
- **면적** 1만 991㎢
- **인구** 275만 명
- **화폐** 자메이카 달러
- **언어** 영어

'커피의 황제'라고 불리는 고급 원두커피 '블루마운틴'이 유명해요.

 올라

146

바하마 Bahamas

- 국명 바하마 연방
- 수도 나소
- 면적 1만 3,880㎢
- 인구 40만 명
- 화폐 바하마 달러
- 언어 영어

과테말라 Guatemala

과테말라를 상징하는 새 '케찰'이
국기 가운데 그려져 있어요.

- 국명 과테말라 공화국
- 수도 과테말라시티
- 면적 10만 8,889㎢
- 인구 1,900만 명
- 화폐 퀘차
- 언어 스페인어

벨리즈 Belize

- 국명 벨리즈
- 수도 벨모판
- 면적 2만 2,966㎢
- 인구 45만 명
- 화폐 벨리즈 달러
- 언어 영어, 스페인어, 마야어

국기에 쓰여진 라틴어는
'그늘 아래에서 번영한다'라는 뜻이에요.

엘살바도르 El Salvador

- 국명 엘살바도르 공화국
- 수도 산살바도르
- 면적 2만 1,041㎢
- 인구 636만 명
- 화폐 미국 달러
- 언어 스페인어

온두라스 Honduras

- 국명 온두라스 공화국
- 수도 테구시갈파
- 면적 11만 2,492㎢
- 인구 1,047만 명
- 화폐 렘피라
- 언어 스페인어

니카라과 Nicaragua

- 국명 니카라과 공화국
- 수도 마나과
- 면적 13만 373㎢
- 인구 668만 명
- 화폐 코르도바
- 언어 스페인어

코스타리카 Costa Rica

- 국명 코스타리카 공화국
- 수도 산호세
- 면적 5만 1,100㎢
- 인구 528만 명
- 화폐 콜론
- 언어 스페인어

파나마 Panama

- 국명 파나마 공화국
- 수도 파나마
- 면적 7만 5,517㎢
- 인구 4,450만 명
- 화폐 발보아
- 언어 스페인어

태평양과 대서양을 잇는
'파나마운하'가 있어요. '운하'란 배가
움직일 수 있게 땅에 파 놓은 물길이에요.

도미니카 공화국 Dominican Republic

- 국명 도미니카 공화국
- 수도 산토도밍고
- 면적 4만 8,670㎢
- 인구 1,063만 명
- 화폐 도미니카 페소
- 언어 스페인어

도미니카 연방과 다른 나라예요.

아이티 Haiti

- 국명 아이티 공화국
- 수도 포르토프랭스
- 면적 2만 7,750㎢
- 인구 1,233만 명
- 화폐 구르드
- 언어 프랑스어

아메리카

세인트키츠 네비스 Saint Kitts and Nevis

- 국명 세인트키츠 네비스
- 수도 바스테르
- 면적 261㎢
- 인구 4만 8천 명
- 화폐 동카리브 달러
- 언어 영어

앤티가 바부다 Antigua and Barbuda

- 국명 앤티가 바부다
- 수도 세인트존스
- 면적 443㎢
- 인구 10만 4천 명
- 화폐 동카리브 달러
- 언어 영어

도미니카 연방 Commonwealth of Dominica

- 국명 도미니카 연방
- 수도 로조
- 면적 751㎢
- 인구 7만 5천 명
- 화폐 동카리브 달러
- 언어 영어

세인트루시아 Saint Lucia

- 국명 세인트루시아
- 수도 캐스트리스
- 면적 616㎢
- 인구 18만 명
- 화폐 동카리브 달러
- 언어 영어

아메리카

세인트빈센트 그레나딘 Saint Vincent and the Grenadines

- 국명 세인트빈센트 그레나딘
- 수도 킹스타운
- 면적 389㎢
- 인구 11만 명
- 화폐 동카리브 달러
- 언어 영어

그레나다 Grenada

- 국명 그레나다
- 수도 세인트조지스
- 면적 334㎢
- 인구 11만 명
- 화폐 동카리브 달러
- 언어 영어

바베이도스 Barbados

- 국명 바베이도스
- 수도 브리지타운
- 면적 431㎢
- 인구 29만 명
- 화폐 바베이도스 달러
- 언어 영어

국기 가운데 그려진 삼지창은 그리스 신화에
나오는 바다의 신, '포세이돈'을 상징해요.

트리니다드 토바고 Trinidad and Tobago

- 국명 트리니다드 토바고 공화국
- 수도 포트오브스페인
- 면적 5,128㎢
- 인구 142만 명
- 화폐 트리니다드 토바고 달러
- 언어 영어

브라질
Brazil

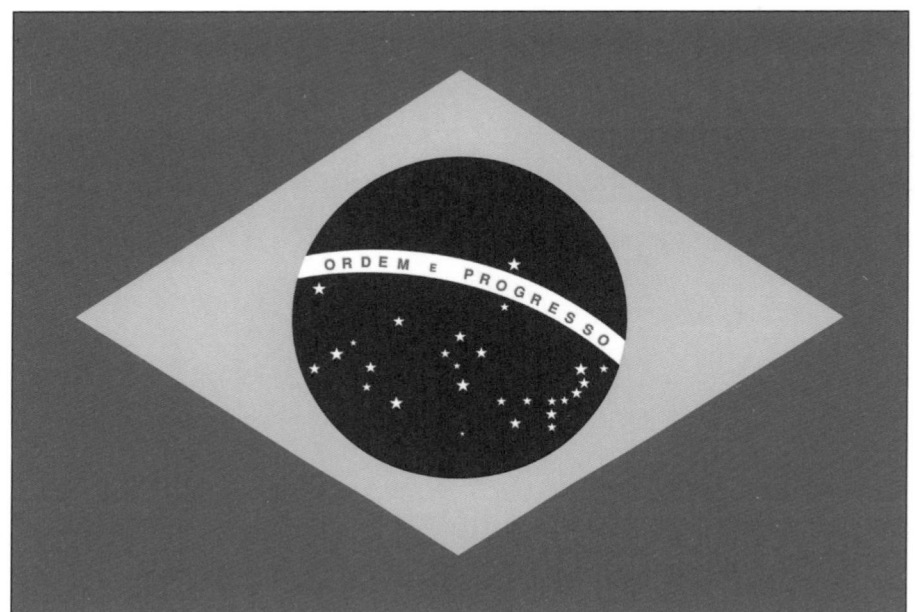

- 국명 브라질 연방 공화국
- 수도 브라질리아
  - / 유명한 도시 리우데자네이루, 상파울루
- 면적 851만 ㎢
- 인구 2억 1천만 명
- 화폐 헤알
- 언어 포르투갈어

대부분의 중남미 국가는 스페인어를 쓰는데, 브라질은 포르투갈어를 써요.

 보아 따르지

브라질의 자연

아마존 열대 우림

남아메리카의 아마존강에 있는 삼림 지역으로,
'지구의 허파'라고 불려요.

브라질의 춤

삼바

브라질 흑인계 주민의 춤이나 춤곡을 말하는 것으로,
4분의 2박자로 매우 빠르고 정열적이에요.

브라질의 건축물

코르코바두

거대한 예수상으로,
리우데자네이루에 있어요.

브라질의 축제

리우 카니발

리우데자네이루에서 열리는 '삼바 축제'예요.
엄청난 규모의 댄서들이 삼바 춤을 추고 연주하는
화려한 퍼레이드가 열려요.

에콰도르
Ecuador

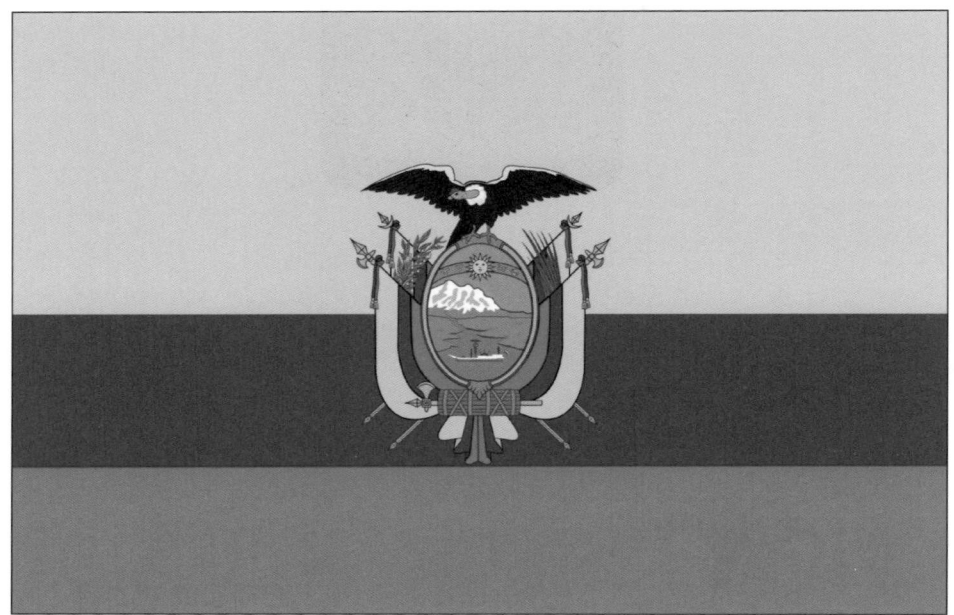

국기에 그려진 새는 '콘도르'예요.

- **국명** 에콰도르 공화국
- **수도** 키토
  - **/유명한 지역** 갈라파고스 제도
- **면적** 28만 ㎢
- **인구** 1,729만 명
- **화폐** 미국 달러
- **언어** 스페인어

적도가 지나는 나라예요. '갈라파고스 제도'는 다윈이 진화론의 영감을 받았다고 하는 곳이에요.

올라

콜롬비아 Colombia

- 국명 콜롬비아 공화국
- 수도 보고타
- 면적 114만 ㎢
- 인구 5,216만 명
- 화폐 콜롬비아 페소
- 언어 스페인어

베네수엘라 Venezuela

- 국명 베네수엘라 볼리바르 공화국
- 수도 카라카스
- 면적 91만 6,445㎢
- 인구 2,654만 명
- 화폐 볼리바르
- 언어 스페인어

가이아나 Guyana

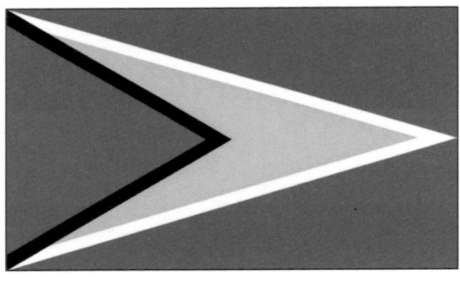

- 국명 가이아나 공화국
- 수도 조지타운
- 면적 21만 4,969㎢
- 인구 79만 명
- 화폐 가이아나 달러
- 언어 영어

수리남 Suriname

- 국명 수리남 공화국
- 수도 파라마리보
- 면적 16만 3,821㎢
- 인구 61만 명
- 화폐 수리남 달러
- 언어 네덜란드어, 영어

페루
Peru

- 국명 페루 공화국
- 수도 리마
  - / 유명한 도시 쿠스코
- 면적 128만 ㎢
- 인구 3,450만 명
- 화폐 솔
- 언어 스페인어

'쿠스코'는 고대 잉카 제국의 유적지 '마추픽추'를 가기 위한 관문이 되는 도시예요.

올라

볼리비아
Bolivia

- **국명** 볼리비아 다민족국
- **수도** 라파스(행정), 수크레(헌법상)
  / **유명한 도시** 우유니
- **면적** 109만 8,581㎢
- **인구** 1,208만 명
- **화폐** 볼리비아노
- **언어** 스페인어

'우유니'는 소금으로 하얗게 뒤덮여
'소금 사막'이 장관을 이루는 곳이에요.

올라

칠레
Chile

- 국명 칠레 공화국
- 수도 산티아고
  - /유명한 섬 이스터섬
- 면적 75만 6,102㎢
- 인구 1,968만 명
- 화폐 칠레 페소
- 언어 스페인어

세로로 가늘고 길게 뻗은 나라예요.

'이스터섬'에는 90톤의 사람 얼굴 모양을 한 신비스러운 조각상, '모아이인상'이 있어요.

올라

아르헨티나

Argentina

- 국명 아르헨티나 공화국
- 수도 부에노스아이레스
- 면적 279만 ㎢
- 인구 4,732만 명
- 화폐 아르헨티나 페소
- 언어 스페인어

칠레, 아르헨티나, 파라과이 세 나라 국경을
접해 있는 '이구아수 폭포'는 세계적인 관광지예요.
아르헨티나 쪽에서 보는
이구아수 폭포 풍경이 멋있기로 유명해요.

올라

우루과이 Uruguay

- 국명 우루과이 동방 공화국
- 수도 몬테비데오
- 면적 17만 6천 ㎢
- 인구 348만 명
- 화폐 우루과이 페소
- 언어 스페인어

파라과이 Paraguay

- 국명 파라과이 공화국
- 수도 아순시온
- 면적 40만 6,752㎢
- 인구 735만 명
- 화폐 과라니
- 언어 스페인어

앞면과 뒷면의 가운데 모양이 달라요.

아메리카

#오세아니아
Oceania

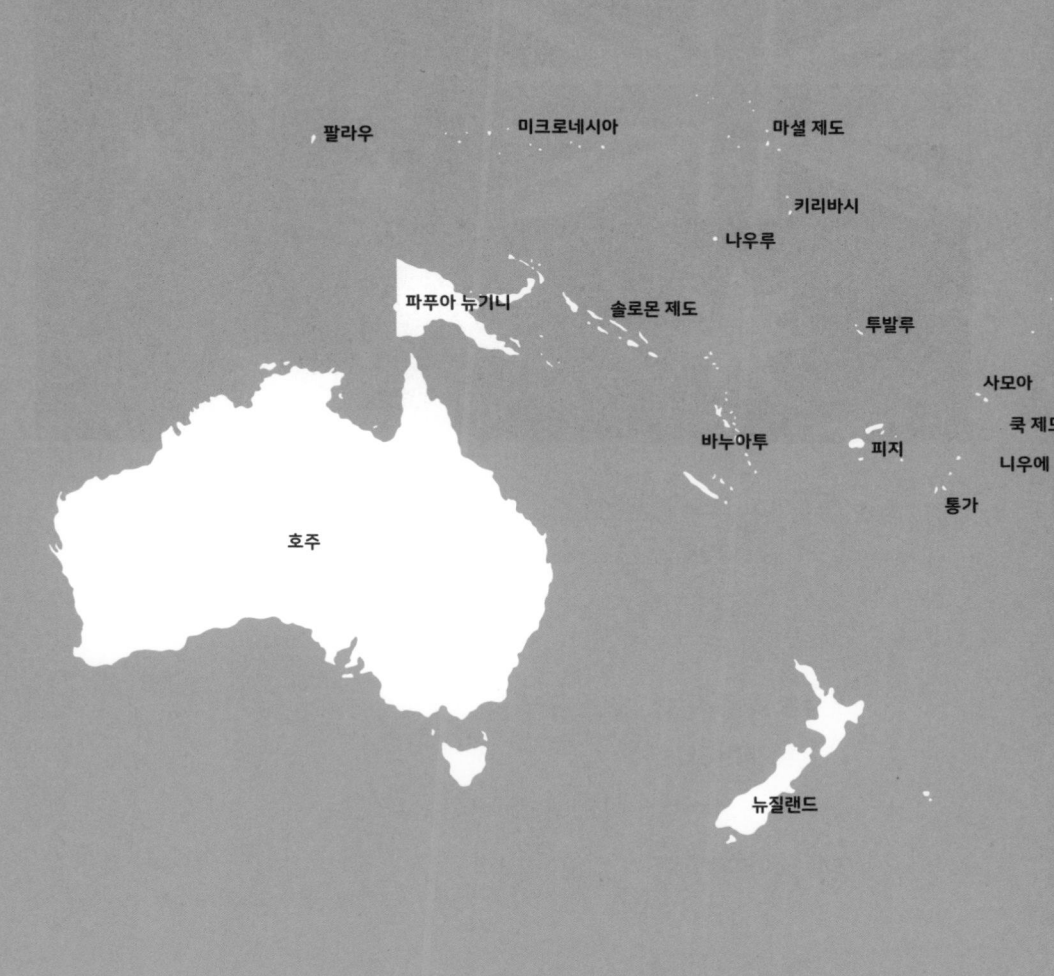

팔라우　　　　　　미크로네시아　　　　　마셜 제도

키리바시

나우루

파푸아 뉴기니　　　솔로몬 제도

투발루

사모아

바누아투　　　피지　　쿡 제도

니우에

통가

호주

뉴질랜드

호주
Australia

영국 국기가 왼쪽 위에 있어요. 영국 연방에 속한다는 의미예요.
'연방'이란 다수의 자치 국가가 공통의 정치 이념으로 연합하여 구성하는 국가를 말해요.

- **국명** 호주 연방, 오스트레일리아
- **수도** 캔버라
  - **/ 유명한 도시** 시드니, 멜버른, 브리즈번
- **면적** 769만 ㎢
- **인구** 2,598만 명
- **화폐** 호주 달러
- **언어** 영어

'시드니'는 호주 동남부에 있는 대표 항구 도시예요.

헬로

호주의 동물

캥거루

암컷의 배에 주머니가 있어
새끼를 넣어 길러요.

코알라

나무 위에서 살며
유칼리나무의 잎만 먹어요.

호주의 자연

울루루

'지구의 배꼽'으로 불리며,
유네스코 세계 유산으로
등재되어 있어요.

호주의 건축물

시드니 오페라 하우스

그레이트배리어리프

호주 동북 해안에 있는,
세계에서 가장 큰 산호초 지대예요.

뉴질랜드
New Zealand

호주 국기와 같이, 영국 연방에 속한다는 의미로 영국 국기가 왼쪽 위에 있어요.

- 국명 뉴질랜드
- 수도 웰링턴
  / 유명한 도시 오클랜드
- 면적 27만 ㎢
- 인구 508만 명
- 화폐 뉴질랜드 달러
- 언어 영어, 마오리어

북섬, 남섬 이렇게 2개의 큰 섬과 여러 작은 섬으로 이루어져 있어요. 뉴질랜드의 원주민이 마오리족이에요. 날개가 없어 날지 못하는 새, '키위'가 살아요.

헬로

파푸아 뉴기니 Papua New Guinea

- 국명 파푸아 뉴기니 독립국
- 수도 포트모르즈비
- 면적 45만 2,860㎢
- 인구 912만 명
- 화폐 키나
- 언어 영어

팔라우 Palau

- 국명 팔라우 공화국
- 수도 응게룰무드
- 면적 459㎢
- 인구 1만 8천 명
- 화폐 미국 달러
- 언어 영어, 팔라우어

200여 개 섬으로 구성되어 있고,
9개 섬에만 사람이 살아요.

미크로네시아 Micronesia

- 국명 마이크로네시아 연방국
- 수도 팔리키르
- 면적 705㎢
- 인구 11만 4천 명
- 화폐 미국 달러
- 언어 영어, 8개 토착어

607개 섬으로 구성되어 있고,
65개 섬에만 사람이 살아요.

마셜 제도 Marshall Islands

- 국명 마셜 제도 공화국
- 수도 마주로
- 면적 182㎢
- 인구 5만 9천 명
- 화폐 미국 달러
- 언어 영어, 마셜어

나우루 Nauru

- **국명** 나우루 공화국
- **수도** 야렌
- **면적** 21㎢
- **인구** 1만 3천 명
- **화폐** 호주 달러
- **언어** 나우루어, 영어

키리바시 Kiribati

- **국명** 키리바시 공화국
- **수도** 타라와
- **면적** 811㎢
- **인구** 13만 3천 명
- **화폐** 호주 달러
- **언어** 영어, 키리바시어

피지 Fiji

- 국명 피지 공화국
- 수도 수바
- 면적 1만 8,333㎢
- 인구 90만 3천 명
- 화폐 피지 달러
- 언어 영어, 피지어, 힌디어, 로투만어

투발루 Tuvalu

- 국명 투발루
- 수도 푸나푸티
- 면적 25.9㎢
- 인구 1만 1,925명
- 화폐 호주 달러
- 언어 영어, 투발루어, 길버트어

니우에 Niue

- 국명 니우에
- 수도 알로피
- 면적 259㎢
- 인구 1,600명
- 화폐 뉴질랜드 달러
- 언어 영어, 니우에어

오세아니아

쿡 제도 Cook Islands

15개 섬으로 구성되어 있어요.

- 국명 쿡 제도
- 수도 아바루아
- 면적 240㎢
- 인구 1만 7천 명
- 화폐 뉴질랜드 달러
- 언어 영어, 폴리네시아어

솔로몬 제도 Solomon Islands

- 국명 솔로몬 제도
- 수도 호니아라
- 면적 2만 8,450㎢
- 인구 70만 4천 명
- 화폐 솔로몬 달러
- 언어 영어, 피진어

바누아투 Vanuatu

- 국명 바누아투 공화국
- 수도 포트빌라
- 면적 1만 2,190㎢
- 인구 33만 5천 명
- 화폐 바투
- 언어 비슬라마어, 영어, 프랑스어

통가 Tonga

- 국명 통가 왕국
- 수도 누쿠아로파
- 면적 748㎢
- 인구 10만 7천 명
- 화폐 팡가
- 언어 영어, 통가어

사모아 Samoa

- 국명 사모아 독립국
- 수도 아피아
- 면적 2,831㎢
- 인구 22만 6천 명
- 화폐 탈라
- 언어 사모아어, 영어

오세아니아

찾아보기